除了野蛮国家，整个世界都被书统治着。

后读工作室
诚挚出品

28天
情绪日记

[英] 安德烈娅·哈恩 ◎ 著　　　王子萌 ◎ 译

Andrea Harrn

THE MOOD DIARY

A 4-week plan to track your emotions and lifestyle

人民东方出版传媒
People's Oriental Publishing & Media
东方出版社
The Oriental Press

目 录

序 言 1

简 介 3

你的情绪你做主 7

为情绪命名 10

影响情绪的方方面面 15

情绪与心理健康 23

学习爱自己 30

小结 33

第一周 34

思维方式决定一切 48

如何转变思维方式 58

第二周 64

越运动，越快乐 78

别让头脑拖累了身体 86

第三周 92

　　轻松睡个好觉　106

　　吃出好心情　114

第四周 120

　　学会爱与被爱　134

　　相信自己　142

结　语　150

致　谢　151

参考文献　159

你的笔记

序　言

　　作为一名有着 20 年工作经验的心理治疗师，我时常建议来访者使用周记表格写日记，记录心境变化、情绪感受、压力等级、抑郁或焦虑倾向，以及睡眠、饮食和成瘾诱因。通过这些记录，我们可以更好地观察自己每天的生活状态，了解自己是否需要改变、应在哪些方面进行改变。我并不是科学家，在体能训练、人体解剖学、睡眠或营养学方面也谈不上是专家，但是通过多年的实践，我见证了无数人的积极变化，他们通过这种方法，获得了健康状况的改善。我想说明的是，如果此时你正在经历较为严重的心理疾病、情感障碍、人格障碍等，那么这种方法虽然能够改变你的想法和行为，但并不能保证治愈这些疾病——想必你也已经知道，这些状况的治疗方式并没有那么简单。我在这本书中与你分享的，是一份简明易懂、直白通俗的健康生活指南，我邀请你将其作为一本能够带来些许积极变化的参考读物。

　　本书中使用的方法是极其全面的，它着眼于生活这个"整体"，以认知行为疗法（CBT）为核心，帮助你重新审视自己的消极思想和负面的固有看法，发展积极正向的成长型思维。一旦调整为更加积极的思维方式，或许你眼前的生活境遇并不会立刻发生改变，但是你会慢慢意识到，无论境遇如何，你都能感觉良好。

　　这本情绪日记不仅会帮助你深入地洞察自己的感受、释放内在情绪，还会促使你展开诚实的自我观察——面对生活，你是如何思考、如何感知的？你与自己和他人是如何沟通、如何对话的？

　　认知行为疗法专注于观察个人的理性与非理性思考、信念系统，以及由此产生的感受和行为——这听起来或许颇具挑战，但是只要你愿意尝试，就会发现，这种方法可以重新设定你的心理模式（即神经递质，也称"大脑信使"），在你的大脑中建立新的神经通路，从根本上改变你的内在感受。假如大脑是一台智能手机，那么你恐怕会毫不犹豫地为它下载更新，让它运行得更高速、更顺畅。甚至，你会考虑直接更换新机，将最新的型号收入囊中。我并不是在说你需要进行大脑移植，而是借此比喻，邀请你为头脑进行一些简单的更新，替换掉那些不再适合你的想法，保留那些有益的想法。

通过书写这本情绪日记，你将在生活中开展一次为期4周的奇妙旅行。4周，这个时长是易于坚持下来的，既给人们留足了时间来洞悉深度的学习与改变、发现其中的意趣、保持写作的动力，又不会过于漫长，以免让每天写日记沦为一件苦差事。

简　介

情绪管理对大多数人而言都是一种挑战。对某些人来说这很容易，但对那些有焦虑症、情感障碍、人格障碍、抑郁症或其他心理健康问题的人来说，这是十分困难的。

对于生活中的大多数事件来说，让人困扰的并不是事件本身，而是人们对事件的感知，以及由事件激发的下意识反应。事件发生时，有些人会完全关闭自己的情绪，而另一些人则感觉自己被这些情绪击垮了。每个人都是不同的，情绪和反应并没有对错之分，只是我们常常不确定自己这样的状态到底是好是坏，反而容易陷入自我怀疑，在消极思想中变得更加迷惑混乱。

通过写日记，我们可以每天观察自己的情绪，进行诚实的记录和追踪，从而更加清晰深入地了解自己。情绪日记作为有效的自我管理工具，不仅能促进使用者走向积极正向的改变，也获得了广大咨询师和治疗师的好评与推荐。

不管你正在为情绪所困，面对情绪管理的挑战，还是已经被诊断出具体的心理疾病，这本情绪日记都可以带你走向更加健康快乐的未来。

改变的过程可能远比你想象中更加轻松有趣。一旦开始探索，你便会发现其中的乐趣。不管过去的你曾经面对怎样的负面情绪、心理负担，现在的你都有机会改变。

从这一刻开始，请给自己一个机会，全然地敞开心灵，不必去猜测可能会发生什么，也不必受限于任何期待，只是做出一个简单的决定，欣然许下承诺，开始这4周的情绪日记书写。不要执着于结果，轻松迎接这段旅程吧！

如何使用情绪日记

每天，你只需要花几分钟的时间书写情绪日记，就可以有效地观察自己的生活。这本情绪日记里包括每天需要填入的条目、供你自由写作的页面、CBT 表格、每周评估和目标计划表。

在写日记的过程中，你可以：

1. 根据心情、饮食、运动、疼痛程度（如有）、睡眠质量等因素，使用 1–10 分评价自己的能量状态；
2. 写下自己是如何度过每一天的，不管是积极还是消极的一面，都诚实地进行记录；
3. 完成 CBT 主题表格，改变思维方式；
4. 每周两次，使用自由书写页尽情释放自己的想法和感受，从中获得更深入的自我观察；
5. 填写每周评估表，检查自己的进展，确定主题并进行学习；
6. 为下一周设定积极的目标。

情绪日记将如何帮助你？

这本情绪日记将促使你从眼前的情境中抽离，清晰地看到事物本来的样子。你可以在日常生活中使用这本日记，也可以与心理咨询搭配使用。这是你的日记，你可以选择对其保密。它将帮助你：

- 看清自己的反应模式，识别从中浮现的情绪管理主题
- 识别出是什么东西在阻止你，进而活出没有压力、焦虑、冲突或抑郁的自在生活
- 看清你的困扰的根源所在
- 不加评判地看到你内心最深刻的情绪与感受

简 介

- 以自己的方式、风格、语言和文字表达你自己——这本身就是一种疗愈
- 使用认知行为疗法的方式,为提升身心健康和内在积极性制定有效策略、目标和方法
- 见证思维方式变化对现实的改变

在这本情绪日记里,我邀请你每周填写 CBT 表格。在下面的页面中,我将以"参加工作面试"为例,展示典型的 CBT 表格的使用办法。请记住,现状本身并不是问题的症结所在,我们如何看待它才是。通过 CBT 表格,你将清晰地看到自己的消极想法以及由此产生的情绪,然后以 1-100 分为标准,为每个想法中根植的信念及情绪的强度打分(右侧栏中的情绪一一对应左侧栏中的想法)。不管你对自己说了什么、是好是坏,你都会觉得那是真实的,而调整自己、以对自己更有帮助的方式去改变这些话语,就能够改变情绪感受。

在这本日记书里,每章都包含了一些提示、建议和方法,来帮助你建立更良好、更积极的情绪状态。请你以自己独特的方式,自由、诚实地书写,将每章的提问当作自我探索的向导,留意生活中进展顺利的事情、值得感恩的瞬间,刻意练习积极的语言习惯,从而提升内在满足感。

**现在,你感受到期待、兴奋、迫不及待了吗?
让我们开始吧!**

CBT 表格示例

事件	负面想法 信念的强度（1%-100%）	消极情绪 情绪的强度（1%-100%）
我参加了一场工作面试	我搞不定这个面试（50%）	担忧（80%）
	他们不会喜欢我的（20%）	焦虑（85%）
	面试时我很绝望（70%）	无力（75%）
	我肯定没戏（80%）	失望（75%）
	我沟通得不怎么样（10%）	难过（70%）
	正面想法 信念的强度（1%-100%）	积极情绪 情绪的强度（1%-100%）
	我知道这份工作的职责内容是什么（100%）	有兴趣（80%）
	我很勤奋、有干劲儿（90%）	有希望（90%）
	我有过相关的工作经验（100%）	自豪（90%）
	我会尽我所能（100%）	决心满满（100%）
	我还是有机会获得这份工作的（50%）	有动力（100%）
	我还是可以很好地沟通的，不熟悉的地方我可以提问（80%）	喜悦（100%）

你的情绪你做主

根据科学研究，快乐的感觉来自大脑中四种让人感觉良好的化学物质：多巴胺、5-羟色胺、内啡肽和催产素。通过健康的饮食、定期的运动和积极的心态，所有的这些快乐因子都可以自然地在体内生成。这听起来很简单，不是吗？实际上你我都知道，这一点也不简单，不然的话，人们应该在大部分时间里都感觉很快乐，然而现实中并非如此。

快乐可以被描述成许多不同的样子，在我看来，快乐是内心的平静、满足、愉悦、接纳和感恩。每个人都值得快乐的生活，这和你是谁、你取得了什么成就无关。对你来说，快乐是什么呢？

在生活中，我们都会经历心境的波折和情绪的变化，这让日常生活变得有趣又具有挑战性。在人生的不同阶段，我们体内的激素水平变化对情绪有着巨大的影响，很多人还会因此经历焦虑和抑郁。对大部分人来说，经历过山车般的情绪变化是难以承受的。如果你发现自己长期处于对生活的失控感中，由专业人士给出的评估、诊断和精准治疗，将会对你有所帮助。如果你属于高敏感人群，具有高度共情、创造力强、偏重右脑、依赖他人等特征，那么在面对冲突或遭受不公平的对待时，你可能会感受到极其强烈的情绪向你席卷而来，很难理智思考、积极应对，难以设置必要的边界。人们自然可以通过和朋友、家人倾诉交流，来减轻和管理这些难以面对的情绪。但是，当感到难以启齿时，他们也可能会转而走向不那么健康的应对机制，在成瘾物质中寻求排解——比如酗酒、嗑药以及其他自我伤害性的行为。

那么在生活境遇不如所愿时，为什么有些人可以比一般人更好地应对呢？这些应对能力强的人，多是接纳了生活的不如意之处，不因此而感到无措，不对自己或他人设定过高的或是不切实际的期望。他们更能够接受境遇本来的样子，拥抱变化，保持弹性与适应性，愿意原谅并且轻松地向前看（而不是饱含着愤怒与怨恨），于是也就更加顺其自然，少有控制或僵化的想法。

当我询问来访者们，他们对于疗愈的结果有什么期待时，得到的答案总是相似的：

*减少压力、焦虑和惊恐发作

*理解和处理自己的愤怒

*解决特定议题，比如童年创伤、信任危机、冲突分离等议题

*不再感受到抑郁

*更好地管理情绪和行为

*回到原先更健康的心理状态

*发自内心地感受到快乐

大多数人都在努力追寻心灵的快乐与平静，但这并不是终点。生活不是一条笔直向前的道路，而是有起伏、迂回乃至于倒退的，有苦也有甜。每个人出生和成长的环境都不相同，在早期成长中习得的经验，对于成年后的情绪复原力有着深入的影响。

人的健康成长需要一些特定条件的滋养。根据美国心理学家马斯洛的理论，这些条件包括了生理和心理两方面。生理上，需要充足的食物、温暖、睡眠、安全和生计保障；心理上，需要爱与关怀，包括童年时期来自父母或监护人的爱，以及成长中来自朋友和伴侣的爱。没有这些必要条件的话，人就容易感受到不安全、没有价值、内心疑虑重重。在一些家庭里，父母的贫穷、物质成瘾和长期的心理健康状况会严重影响他们为子女提供这些关键条件的能力，于是上一代的模式在下一代中延续，这样的下一代会比其他人更容易遇到心理健康问题——这是一场关于人的成长是天性使然还是教育使然的辩论！请不要因为自己所处的境遇苛责自己：这不是你的错。即使小时候的你被剥夺了快乐和天真，现在的你依旧可以做出改变。

从现在开始，你可以满足自己的需求、创造属于自己的安全感，从而

你的情绪你做主

重新获得幸福与快乐。你可以找回自己、打造你想要的生活——这不需要其他人的认同或允许。我们无法控制、更无法对他人的想法和行为负责，我们的价值也不取决于他人的看法，而是仅仅取决于我们如何评价自己。如果你还在对境遇做出被动的下意识反应，恐怕无法拿回自己的主动权。现在，正是你主动改变自己的时候了。

> 提示：
> - 每天都用冥想开始一天的生活，感受内在的放松与平静
> - 将注意力放在今天，放在当下（今天，我将感受到平静。今天，我将完成什么）
> - 有规律地练习正念
> - 在每个当下看到改变的机会
> - 在微小的事情中看见喜悦和快乐
> - 从他人的评判中解脱出来，为自己松绑
> - 练习"不反应也是一种反应"的艺术
> - 主动应对，感受自身意识的强大，而不是任由自己被情绪主宰
> - 每天写一份感恩清单

为情绪命名

在一天当中，心境和情绪出现变化是再正常不过的了，我们醒来时有一种感觉，两小时后又出现了另一种感觉，这种变化往往来自情境：睡眠质量、天气、交通、人际关系、工作压力、自我期待……不胜枚举。我们不可能总是处于高昂的情绪中，也不希望长时间地感受到低落。有时候，我们甚至很难找到正确的词语来精准定义自己的感受，大部分人只是简单地将自己的情绪归类为"好"或"坏"：

唉！不怎么样！不好！ vs 好！挺好！还不错！

但是介于这两者中间的状态呢？那些既不是非常高兴，也谈不上非常难过的心情呢？如果你可以很好地感知、识别出自己的情绪是什么，那么便是开始对情绪有所掌控了。想一想你的身体和心灵对情绪做出的反应：你现在感觉到温暖舒适，还是紧张发冷？你能够应对这些感受吗？你想要改变它还是享受它呢？有太多的词汇可以用于命名和标记这些情绪，或许你一时都不知道该从何入手，那就让我们从核心的情绪分类开始，再看看落入这些分类的其他情绪吧。

下一页将为你展示一些示例。

为情绪命名

核心情绪分类	情绪标签
生气	愤怒、烦躁、苦涩、怨恨、憎恨、不怀好意、挫败、狂怒
伤心	抑郁、痛苦、失望、绝望、不快、悲惨、孤独、惆怅、沮丧、阴郁、迷茫
抑郁	疲惫、筋疲力尽、昏昏欲睡、无聊、满不在乎、冷漠、矛盾、不感兴趣、困惑、自残
羞耻	自我厌恶、内疚、尴尬、恐惧、被羞辱、无价值、后悔、遗憾
压力	恐慌、焦虑、担忧、害怕、紧张、不知所措、被贬低、困惑
恐惧	焦虑、惧怕、害怕、惶恐、疑神疑鬼、坐立难安、紧张、恐慌、忐忑、惊惧
厌恶	侮辱、冒犯、讨厌、难以容忍、排斥、恶心、警惕、自我厌恶
拒绝	被忽视、被抛弃、被孤立、孤独、无助、缺乏安全感、一无是处
嫉妒	羡慕、难以置信、贪婪、想要报复、闷闷不乐、恐惧
悲伤	震惊、创痛、失落、麻木、愤怒、不理智、焦虑、筋疲力尽、嫉妒、挫败、否认、罪恶感、被拒绝、压抑、优柔寡断、失意、需要支持……
爱	联结感、吸引力、归属感、关心、同情、怜悯、奉献、热情、保护欲、尊重、脆弱、希望
喜悦	快乐、乐观、满怀希望、动力十足、被激励、下定决心、骄傲、自信、兴奋
幸运	接纳、宽恕、满足、平和、喜悦、怜悯、充满爱意、感激、自在

现在，让我们看看人们经历一系列不同情绪后产生的常见想法。你会看到，积极的情境不一定总是给人带来积极的想法，尤其是在人们担心事情会出状况时。

情绪	可能的原因	常见的想法
生气	事情没有按照你的想法进行 他人使你不满	这不公平 他们应该/不应该做某些事
伤心	亲密关系的结束 没有感受到被承认	一定是我的错 一定是我做得还不够好
压力	过重的工作量 承担过重的责任	我无法拒绝 所有事情都得靠我
抑郁	因压力或疾病产生的连锁反应 拒绝寻求帮助	我想不明白 我是别人的负担
恐惧	认为有坏事即将发生 担心他人的负面反馈	我不能那么做，太危险了 我这么做没有意义
厌恶	处在一群恶人当中 强迫症——害怕污染	这些人真恶心 我很恶心

为情绪命名

续表

情绪	可能的原因	常见的想法
拒绝	伴侣出轨 某个你在乎的人完全不在乎你	我做错了什么 我一文不值
羞耻	做了违背自己价值观的事 被批评或嘲笑	我真傻 我真胖／丑／笨
嫉妒	前任有了新欢 其他人得到了晋升	我好失败 这本该属于我
悲伤	亲友的离世 长期亲密关系的终结	我本可以做得更多 我不会再爱了
爱	遇到了灵魂伴侣 共同寻找幸福	棒极了 这太过完美了，一定无法长久
喜悦	被爱的人包围 细数生活中的"小确幸"	感觉太好了 为某些事而感恩
幸运	万事如意 轻松自在	生活真美好 我不能懈怠

续表

情绪	可能的原因	常见的想法
充满希望	相信美好的事情即将发生 改变人生的机会近在眼前	生活真美好 我还不太确定
勇敢	战胜疾病 帮助他人	我坚信自己能战胜它 我一定能做到
价值感	完成一天高效的工作 帮助深陷泥潭的朋友	我为自己感到骄傲 我的努力并不总能收获回报
激动	通往未知目的地的说走就走的旅行 期待搬进新房子	期待新的经历 太多新点子有点招架不住

你曾有过这些情绪吗？即使事情没那么糟糕，你是不是也总会做最坏的打算？这可能是过去的经历使然。如果你曾经被辜负，现在自然也会警惕所有状况，哪怕是积极的情形——这是你自我保护的方式。请注意，别让自己被过去的经历和情绪左右，你感受过的痛苦并不会让你就此成为一个痛苦的人。发生过的事情并不一定会再次发生，除非你毫无主动权。试着了解自己过去的经历、情绪反应、想法和行为，是正向管理情绪的第一步。

影响情绪的方方面面

我们的感受取决于多种因素，包括生理因素、情感因素或是激素反应。有些因素完全在我们的可控范围之外，属于他人的举动或是自己没得选的情况，比如没有拿到心仪的工作或意料之外的分手。当然，还有很多事情是我们可以改变的，它们可以正向地影响我们的心情。让我们来看看吧。

思维方式

我们看待生命、所处环境、自己和他人的方式会在很大程度上影响我们的感受、身体反应和行为。对同一种境遇，可以有多种不同的解读。习惯用消极思维方式思考的人会执迷于过去和未来，用自己做过或没做过的事情责备自己，然后无端地为某件事或是未来而焦躁不安。

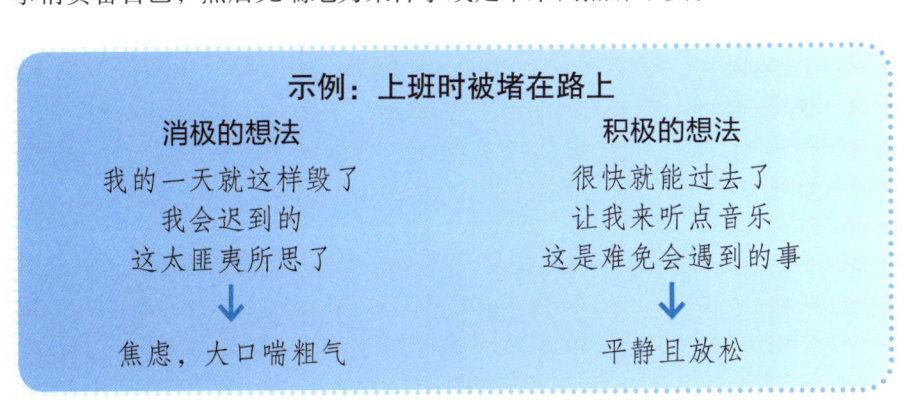

> **示例：上班时被堵在路上**
>
> | 消极的想法 | 积极的想法 |
> |---|---|
> | 我的一天就这样毁了 | 很快就能过去了 |
> | 我会迟到的 | 让我来听点音乐 |
> | 这太匪夷所思了 | 这是难免会遇到的事 |
> | ↓ | ↓ |
> | 焦虑，大口喘粗气 | 平静且放松 |

运动

参加体育活动时，人体内会释放内啡肽，这种令人愉悦的化学物质能缓解压力、促进性激素的释放，为你带来兴奋的感觉。品尝你喜爱的美食、听音乐、享受按摩和针灸理疗等活动也能促进内啡肽的释放。通过运动强身健体，可以让你更自信，帮助你勇攀高峰。

饮食

饮食和营养深入地影响着我们的身心健康。食物能让我们与他人及大自然拥有更深层的链接。人类对食材的选择、烹饪方法、品味态度，无不成就了身、心、灵的合一。

好好吃饭，意味着好好爱自己、尊重自己，负责任地为自己的身体做出选择——你可以为自己精心准备一份营养均衡的晚餐，也可以瘫坐在沙发上随手点个速战速决的外卖。当代的速食无处不在，它们价格低廉、开袋即食，看似比健康的食物更节约金钱和时间。但实际上，长期食用速食造成的身体消耗和健康隐患，是远远大于它提供的价值的。

我们需要转变对食物的态度，细心注意自己每天的饮食习惯，调整食材选择和烹饪方法，通过感知四季变换来选择应季蔬果，通过少吃红肉来保护环境、减少碳排放。吃得更健康能够帮助你提升身体机能、维持思维敏捷，带来每天的好心情。

健康饮食可以促进体内 5- 羟色胺和多巴胺的分泌，这两种物质让大脑感到愉悦。5- 羟色胺控制我们的心境与社会行为、促进身体的消化吸收、提升睡眠质量和性欲，而多巴胺为我们提供满足感、增强内在动力、提升记忆力和专注力。抗抑郁药物中富含促进 5- 羟色胺分泌的物质，我们也可以通过摄入鸡蛋、芝士、菠萝、豆腐、三文鱼、坚果、火鸡和菠菜等富含酪氨酸的食物来达到同样的效果。杏仁、香蕉、鸡蛋、豆制品、鱼肉和鸡肉则能促进多巴胺的分泌。

睡眠

焦虑人群常常饱受睡眠剥夺之苦，而慢性失眠症患者也多伴有焦虑症状。前一晚的失眠影响人们第二天的效率，效率的下降让人产生更严重的担忧与焦虑，进而陷入下一轮的失眠，长此以往形成负面循环。

每个人所需的睡眠时间是不同的，一个成年人所需的平均睡眠时间是 7~9 个小时，青少年则需要更久的睡眠时间（8~10 小时），而且他们经常要与紊乱的生物钟作斗争，更倾向于晚睡晚起。你可以观察自己需要多少小时的睡眠才能为第二天注满活力，以此判断自己是否睡眠充足。充足的睡眠时间让我们的身体得以休息、体能得以恢复，睡眠时间不足则会影响我们的活力、心境、记忆力和专注力，进而影响我们在工作和人际交往中的状态，造成紧张和焦虑。当我们感到体力不足时，也会随之感到失去动力，更难开始运动或是在生活中接受新的挑战。好好睡觉能帮助我们调整状态，迎接每一天的精彩生活。

身体健康

身体健康和情绪状态息息相关，健康的身体会带来积极的情绪感受，而糟糕的身体状况则让人感觉到压力、担忧，甚至长时间的抑郁。同时，这些情绪感受也会导致机体紧张、不适加剧——尤其是那些来源于压力的疼痛。

有些病痛看似来源于身体，实际的诱因却是情绪。当 X 光片都检查不出身体上有任何明显的病灶时，人们只会更加惶惶不安。即使人们花了大量的时间寻医问诊，这种机体疼痛也往往很难被定性定因。如果不去寻求自我疗愈和情绪方面的疏解办法，那么疼痛的循环就难以被打破，进而会消耗更多的时间和精力。

社交媒体

在社交媒体上频繁地发布、分享、浏览、点赞、评论和私信，已然成为许多人生活中不可或缺的一部分。但各项研究表明，过度使用社交媒体会严重影响人们的精神健康。

虽然社交媒体对人的学习成长有些帮助，但是也会造成人们不自觉地长时间紧盯屏幕，进而影响情绪状态。过度使用社交媒体还会导致人们缺乏运动、减少在现实生活中的互动与交流。显然，与朋友们线下面对面的高质量社交是更为健康有趣的方式。

对你来说，社交媒体是有益的吗？还是说你虽然觉得它没什么好处，却依旧无法自拔地深陷其中呢？——你大概都没有意识到吧，你已经一刻也离不开它了。

在去年的一场活动中，我遇到了六位青少年，他们主动询问我是否可以替他们保管手机。因为他们发现，哪怕周遭有美丽的风景和有趣的活动，他们也无法全然地投入其中，总是想玩手机。我询问他们对社交媒体的看法，他们回应道：

社交媒体还不如没有被发明出来呢！

这些软件让人焦虑。

如果我在社交媒体上的发布没有被赞，我会很难受。

我开始觉得所有人过得都比我好。

我假装和其他人一样，不再是我自己——这是不对的。

看到这些话，你有所触动吗？想想你在社交媒体上花了多少时间，是不是每天醒来就开始看手机、到睡觉前也还在惦记？你在社交媒体上认识了多少好友？交情如何呢？

亲密关系

爱与被爱对人的幸福感至关重要。爱无处不在，你在艺术中、自然中发现爱，在人与人、人与动物的互动中看见爱，在友情、亲情、爱情等亲密关系中感受爱。向他人表达友善、爱意、诚恳时，你的内在会感受到强烈的喜悦感，也会让他人感到内心愉悦。请试着以笑相待这个世界吧！

在生活中，我们要尽可能地选择积极正面的亲密关系，这些关系可以支持和滋养我们。在失衡的亲密关系中，人会感受到焦虑和困惑，有毒的关系只会带来困扰、失望和不公平的对待。

一些改善亲密关系的小技巧
- 在沟通中保持坚定与自信
- 以第一人称表达你的想法和感受，比如"当你说×××的时候，我感到很受伤"或者"我希望我们可以做×××"
- 避免指责或使用攻击性的语气，比如"你如何如何，你做了这个"，这会让对方产生防御心理
- 尊重对方的意见和想法，他们有权拥有与你不同的观点
- 学会接受和喜爱你本真的样子
- 相信你的直觉
- 信任你的价值——不要委屈将就自己
- 如果有人让你感到焦躁不安、紧张、受伤或伤心，直接地向他们指出，给予他们一次改正的机会
- 如果他们丝毫没有改变，学会离开这段关系，并且避免他们再次接近
- 不要让任何人动摇你的快乐
- 谨记：你不用为他人的行为、想法、感受、愉悦和健康负责

　　朋友、伴侣、家人之间都可能存在不良的亲密关系。如果你在成长的过程中很少面对分歧和争执，那么这种不良的情感关系可能对你来说难以理解。

　　在亲密关系中，每个人都有不同的感受和观点，真诚的沟通会让双方更加理解彼此，建立更良好的关系。但是有的时候，一方准备好了敞开心扉，而另一方的心门紧锁，沟通随之停滞。

　　人们可能会因为各种各样的原因而保持沉默，比如难以表达自己的真实感受，或害怕自己的观点得不到认可，又比如为了避免进一步的分歧和误会，以求自保。在更加复杂的情形中，成长过程中的自信心缺失、过去

感情经历中的伤痛，甚至被施暴、虐待过的记忆，都会激发人们在亲密关系中的反常表现。

不良的亲密关系中包括：

* 持续争吵
* 过强的控制欲
* 有害的、操纵性的行为
* 不支持、不尊重
* 自作主张
* 缺乏界限
* 缺少交流
* 消极攻击
* 自以为是、自恋
* 贬低侮辱

产生结果：

* 害怕交流
* 害怕回应
* 焦虑和担忧
* 质疑自己
* 伤害自尊
* 失去自尊和自我价值

良性的亲密关系中包括：

* 信任与爱
* 可以诚实地表达且不必担心负面回应
* 不竞争、不比较
* 自由自在地做自己
* 尊重自己和他人的想法与见解
* 稳定的界限
* 容错的空间

产生结果：

* 自信
* 充满动能
* 同情与共情
* 自尊
* 安全感

自尊

自尊是你思考、感受和评价自己的方式。低自尊的人往往认为自己没有价值、自己的想法和意见不重要。

低自尊的特点是：缺乏自信心；对自己的价值和能力缺乏信任，从而对外界降低期望；对自己感到糟糕或厌恶。还可能包括：评判和批评自己；用毫无益处的方式给自己贴标签；关注负面内容；很难接受赞美。

自我价值感低的人会对不认可和批评过度敏感，总是将眼前的情境和他人的行为看作自己能力不足的证据。通常情况下，他们会感受到恐惧、焦虑、压力、羞耻、尴尬、失望、难以决断，陷入无助和无望的消极情绪中。

如果自我批评的声音在你心里占据上风，那么你就会开始专注于负面的想法：被拒绝、被抛弃、不受人喜爱、不够好、让他人失望、给他人增加负担以及"我是个失败者"等。这是一种非黑即白的思考方式：

我一无是处　vs　我擅长做 X 和 Y

当他人流露出厌烦或不赞成的神色时，即使他们根本不是在针对你，也很容易被你误读。

示例：你感知到朋友的行为，并因此感到失落。

你的感觉	现实
他们真的很不喜欢我	他们正在处理自己的烦恼，无暇顾及他人
我作为朋友很无趣	他们根本不知道你正在因为他们而感到失落
我需要保持距离、谨言慎行	他们也因为你的疏远而感觉到失落
他们都很有魅力，而我一团糟	你也有自己独特的魅力

无法疏解内心的焦虑和失落时,你会觉得自己的心口就像压着一口沉甸甸的、随时都有可能爆炸的高压锅一样。谈论自己的感受,能极大程度地缓解焦虑,让你获得新的视角。如果你不能自在地表达,就会慢慢地形成不健康的防御机制,甚至逐步走向成瘾、强迫症(OCD)或自我伤害等更为严重的问题。

与其因为自己没有达到预设的期望而自责,为何不试试与自己共情,对自己好一点呢?归根结底,人类生而不完美,人人皆然。

提高自我价值感的方法

- 做自己
- 信任自己
- 相信直觉
- 向朋友和家人吐露心声
- 尊重并重视自己
- 为自己的生命负责
- 坚定捍卫自己的需要
- 意识到自己的才能
- 停止倾听内心中贬低、评判、批评,特别是那些"我很笨"和"我毫无价值"的声音
- 注意到自己的内在品质
- 做自己最忠诚的伙伴
- 从繁杂事务中抽身而不自责
- 恳请原谅
- 与你的原则和道德准则同在:
  选择自己的生活方式
  平等待人
  我不需要盲目跟随他人的主张,也不需要为了融入他人而人云亦云
  我不让自己卷入他人的麻烦,而是选择平静
- 共情他人,友爱友善
- 享受生活,不计较得失
- 做有意义的事情:
  在慈善机构做志愿者
  对陌生人微笑
  不时表达善意
- 每天写下感恩清单

情绪与心理健康

每个人的经历不同，产生心理健康状况的原因也各异，心理疾病的诱因往往是不明确的。现在让我们看一些常见的心理健康状况，以及它们对情绪的影响。

压力

人们在经历重大变故时，会产生心理压力。这类压力事件包括：亲人离世、夫妻离异、分手、分居、结婚、生子、疾病缠身、人身伤害以及工作变动（比如下岗失业、不公对待、负荷过重等）。

压力会迫使大脑极速运转，令人感到焦虑、恐慌、担忧、紧张、易怒或烦躁，甚至觉得自己濒临崩溃，极度害怕事情失控或出错。压力还会带来睡眠问题和食欲变化，让人无法放松休息，也无法保持专注。压力也会造成身体上的疼痛及病症：如头痛、背痛、肠胃炎，以及其他更加严重的身体疾病。

焦虑

患有广泛性焦虑障碍（GAD）的人会在生活中经历无处不在的持续焦虑和不安，这种感觉与特定的事件无关，并且会从一件事转移到下一件事，比如从坐飞机转移到坐电梯。患有健康焦虑的人则会因为疾病或不适而产生难以摆脱的过度担忧。

抑郁

抑郁症的病因有许多。生活中的压力事件会触发抑郁，基因遗传、家族病史、激素水平变化和身体健康状况也会导致抑郁。甚至有些时候，人们会毫无由来地感到抑郁，哪怕生活看起来一切正常。

每个人都需要生命的意义和方向，但是大部分人在日复一日的生活中并没有感受到真正的满足，尤其是在不被认可、不被赞许，以及对生活感到失控的时候。当生活无法满足内心对安全感、价值感和被爱的需求时，我们开始与真正意义上的"活着"脱节。如果你试着将"抑郁"（depressed）这个词读作"深度休息"（deep rest），就可以将这个阶段看作心灵觉醒的时刻，是身体在提醒你抽出时间，找到新的方向。

抑郁发作的主要表现包括：感觉沉重压抑、失去希望、无助、疲惫、挫败、丧失动力、缺乏能量、难以专注等。抑郁中的人可能会觉得自己是他人的负担，难以看见生活中的光明。他们的说话方式发生改变，行为迟缓被动，甚至不语、不动、不食，出现自杀倾向。

双相情感障碍（躁郁症）

双相情感障碍（BD）与两种极端情绪有关——狂躁或轻躁狂（躁期）、抑郁（郁期）。有双相情感障碍的人或许前一刻还处于异常高涨、难以抑制的亢奋和无敌的感觉之中，做出了不计后果的决定，下一刻就感受到羞愧、内疚和后悔。这种交替性的感受令人痛苦，难以承受。

其症状包括：情绪的不可预测性、强烈的情绪性的痛苦、自我伤害或是自杀的念头、人际关系问题、饮食和睡眠的中断、空虚疲惫的感觉等。

边缘型人格障碍

边缘型人格障碍（BPD）人群持续面对着情绪、情感和行为管理上的挣扎与艰辛，这对其他人来说或许难以理解。边缘型人格障碍本身涉及对被遗弃的恐惧，但是当边缘型人格障碍人群难以控制地对所爱之人大发雷霆时，往往反而会导致对方的离开。

其症状包括：低自尊、低自信、焦虑、抑郁、孤独、空虚、冲动、自我攻击、自我伤害甚至是不计后果的行为、爆发式的愤怒、极端的情绪变动等。

成瘾

成瘾指的是一个人无法控制地持续重复某种行为，哪怕这种行为给自己造成了重大的麻烦和后果，也无法停下。比如滥用药物的成瘾者，他们可能会失去工作、失去驾照、违法犯罪，乃至于失去伴侣、被禁止和子女接触，但仍然停不下来。

这种疾病侵蚀着人们的头脑、身体和灵魂。至于诱因，部分成瘾者本身有着麻烦重重的童年，其中充斥着情感、身体甚至是性方面的虐待、暴力和混乱；还有一些成瘾者的家族中有酗酒和吸毒史，成瘾来自遗传。

参与过不良行为的人中，并不是每个人都会成瘾。当人们用这些行为来逃避现实、压抑情绪上的深层痛苦时，会更容易陷入强迫性重复。许多成瘾者会经历成瘾循环，并走向负面情绪，比如焦虑、恐慌、畏惧、羞耻、内疚、失望、怨怼、孤独和无助。

赌瘾、色情成瘾和性成瘾

通过互联网，人们可以轻易地接触到赌博和色情产品，而且可以匿名地使用它们。匿名让人觉得，自己仿佛不需要为这些行为负责——这是另一个隐藏在黑暗中、做出不良可耻行为的自我。每个人的自我都有阴暗面，通过这个部分的"我"，人们可以更了解自己是谁、理解完整的自己。但是很可惜，互联网知道如何利用你的阴暗面，让你心甘情愿地上钩，无法抗拒地成瘾。

依赖和关系成瘾

依赖成瘾者往往会爱上那些受过伤的人，试图用自己的力量抚慰他们的伤痕。他们对他人有着过剩的责任心，总是不自觉地付出更多、感受更多（哪怕是伤痛）、关心更多，即使很少得到回报也在所不惜。同时，由于害怕被抛弃和被拒绝，他们难以设定恰当的边界，甚至会替对方找理由，让自己持续付出。许多依赖成瘾者属于高度共情和高敏感人群。部分依赖成瘾者的父母或兄弟姐妹在心理健康方面存在问题。

进食障碍

此处探讨的进食障碍，指的是以不健康、非理性的方式对待食物及身体，涵盖了厌食症、贪食症、暴食障碍（BED）、躯体变形障碍（BDD），以及这些病症的组合。进食障碍的症状包括：

*执着于保持尽可能低的体重值

*食物摄取不足（厌食症）

*在短时间内失去控制地大量进食，再呕吐出来（贪食症）

*经常性地失去控制，一次性大量进食（暴食障碍）

其他行为表现包括：过度运动、痴迷于照镜子和称体重、偷藏食物、对自己的生活方式撒谎等，进而导致焦虑、担忧、恐惧、内疚和羞耻。因为害怕自己不受控制的进食习惯遭到他人的评判，患者还可能回避社交。

长期症状则包括：消化系统疾病、身体疲惫、感冒、头晕、女性停经。

强迫症

强迫症（OCD）是与焦虑有关的成瘾性障碍，它根植于恐惧当中，包含强迫观念和强迫行为。

强迫观念包括：

*不受控制、不断侵入思想的想法和画面，裹挟着过度的焦虑和担忧，引发行为（强迫行为）

*伤害他人的可怕想法和危险心理画面

*明显受到自身排斥、厌恶的性冲动

当人们产生这些糟糕的想法时，便需要寻找方法，保证自己不会对自己和他人做出伤害性行为。

强迫观念引发的强迫行为可能包括：

* 反复检查门窗是否上锁（害怕安全被侵犯）
* 冲洗和清洁（害怕被细菌、灰尘、病毒等污染）
* 整理、计数、反复重复，比如对称性地摆放衣物、将罐装食物全部朝向一面对齐、在离开房屋时上下楼梯三遍（害怕如果不这么做，所爱的人就会遇到灾祸）
* 囤积财物或垃圾（一想到要放手就害怕和苦恼）

强迫症往往是基于错误的信仰、迷信、仪式和祝祷的。它可以发展为"焦虑，行动，得到缓解，再次焦虑，再次行动"的循环，进而消耗时间、妨碍正常的生活规律、拉低工作效率、影响人际关系。

自我伤害（自残）

自我伤害的患者通过对身体的故意伤害来应对强烈的情绪困扰。常见的自残行为包括切割、抓挠、撕扯和抠挖皮肤、拉扯头发、燃烧、撕咬或用身体撞击墙壁和物品等。

自我伤害的人认为，肉体疼痛可以转移精神痛苦，伤口和流血象征着痛苦正在离开身体，对身体的随意支配能让人感觉到意义感、秩序感和掌控感，而且自我伤害总比其他危险行为（如自杀企图）更安全。

这些都是错误的认知。自我伤害是向内攻击、自我惩罚，它无法解决任何现实中的实际问题。大脑在机体受损时自动释放的内啡肽可以进一步麻木痛苦，带给人短暂的快感。但真正的困扰不会就此消失，一时的快感也只会在心里留下更深的羞耻。

如果你有自我伤害的倾向，你可能会觉得，再亲近的家人朋友也无法真正地理解这些行为，进而自我封闭。的确，身边人可能一开始不明白为什么自我伤害能够帮助到你，但是他们很愿意倾听、理解你这么做的动机，你会发现自己是被珍惜、被爱护的。

如果你无法和任何人交流这些感受，那么就在这本情绪日记里写下内心最深处的想法、恐惧和感受吧，你可以放心地在这本《28天情绪日记》中释放自己最真实的情绪。

运用冥想和正念的技巧管理情绪

科学研究表明，冥想和正念能够帮助人们管理情绪。冥想的方式有很多，其核心在于关注自己的每一次呼吸；正念则是通过对自己的呼吸、身体、想法、感受和周遭环境产生觉察，来练习如何专注于当下。

在大部分时间里，人们都在回忆过去和思考未来，而不是用心地专注于当下。通过正念，人们能够学会如何专注当下、保持觉察，感受此时此刻正在发生着什么，然后不带评判地接纳。

你可以试试看这个正念冥想练习：

请你用舒适的姿势坐好，

允许你的身体慢慢放松，

用身体感知你所处的环境。

放松你的肩颈，将你的双脚放在地面上。

通过每一次的呼吸，感受纯净的空气正在进入和离开你的身体，

感受你的身体随着一呼一吸发生着变化，

每一次的呼吸，都让你的身体越来越放松、越来越轻盈。

你的周遭有什么声音吗？不必对它们做出回应，只要注意到它们即可。

你感受到的空气是温暖的还是寒冷的？

将注意力移到你的掌心，将手轻轻地放在大腿上，

深深地呼吸五次，关注每次呼吸的长短，

更深地觉察你的感受。

你现在有什么感觉呢？

用温柔的方式说出你的感觉，感受呼吸的起伏。

每一次呼气，负面的感觉随之呼出；

每一次吸气，你都吸入了无穷无尽的平静。

现在，你的头脑里有什么想法呢？

哪些想法对你来说是负担和压力呢？

关注你的呼吸，想象自己通过每次的呼气，将这些想法释放到空气中。

它们不再储存于你的身体里，

随着每次呼气，你的身体变得更加轻盈。

将它们依次全部释放后，

重复三次绵长的呼吸，

让身心慢慢回到平静的状态。

当你准备好的时候，就可以睁开眼睛，回到现实生活中了。

看看这个平静的状态可以持续多久。

学习爱自己

如果你经历过拒绝、抛弃、欺负或虐待，这些经历会让你觉得自己是毫无价值、不值得被爱的。在受到伤害或是对他人感到失望时，你甚至很难喜欢自己、爱自己。"只有爱自己的人才能够被爱"的说法是错误的——即使你不爱自己，你也依旧值得被爱。

如果你常常严苛地审视和批判自己，不如试着换个方式，用爱护、同情、关怀和感激的态度对待自己，就像你善意地对待身边需要爱的人一样。你的内心小孩需要爱也值得被爱。你有能力倾听自己的痛苦与难过，承认自己在某些时刻过得很艰难，发自内心地给予自己爱与关怀。

自我关怀的话语

我尊重自己和我的身体
我重视自己
我将倾听我的直觉和内在指引
需要的时候，我可以选择退一步
我可以选择和谁相处
我值得被爱
我可以说"不"
我可以设定清晰的原则和边界
我有能力摆脱现状
如果愿意的话，我可以选择独处
我可以把自己放在第一位
我可以休息
我可以缓解自己的紧张情绪

学习爱自己

> 我接纳自己本来的样子
> 我原谅自己，也选择原谅他人
> 脆弱也没关系
> 我可以寻求外界的帮助
> 做自己是可以的

你可以温柔地对待自己，无条件地理解自己，爱自己本来的样子，放下对自己和他人的过度期待与高要求，原谅和接纳自己，不再为了证明什么或者改变他人而费尽力气——你们都不需要按照某种特定的方式生活，你也不必再为"做自己"而心生歉意。你可以卸下虚假的社会面具，允许自己展现真实的、不完美的状态。所有人都是不完美的，人人都有犯错、脆弱或消极的时候，这些状态并不会让你显得弱小或者让他人远离你——实际上，如果你愿意和他人分享这些，你们将会彼此共情、建立联结，千万不要害怕向他人坦承你的困难。

记住，你不需要为他人的想法、感受、行为负责。如果他人用不恰当的行为对待你，那不是你的错。如果他人对你做出负面的评价，也不能定义真实的你。从现在起，你可以定义和塑造自己。

用正念的方式观察你的情绪，想想看你的情绪在告诉你什么。接纳你的感受，但不要被情绪推着走——即使你感觉到愤怒，也不代表你就要怒气冲冲地发火。情绪是短暂的，很快就会消散。你可以关注自己的情绪，以旁观者的眼光观察它的起伏与来去，这会帮助你获得清晰的、全新的视野。

你不需要改变自己来获得他人的喜爱。你只需要做自己，被你吸引的人自然会爱真实的你。

生活并不总是公平的
没有人是完美的
我们不可能总是能够掌控生活

健康生命的轮盘

现在让我们来仔细看看，如何通过自我关怀提高生命质量。你头脑中的想法并不是独立存在的，它与你的身体、情感和精神状况紧密相连。为了获得更健康的心理状态，你需要在以下要素上好好照顾自己：

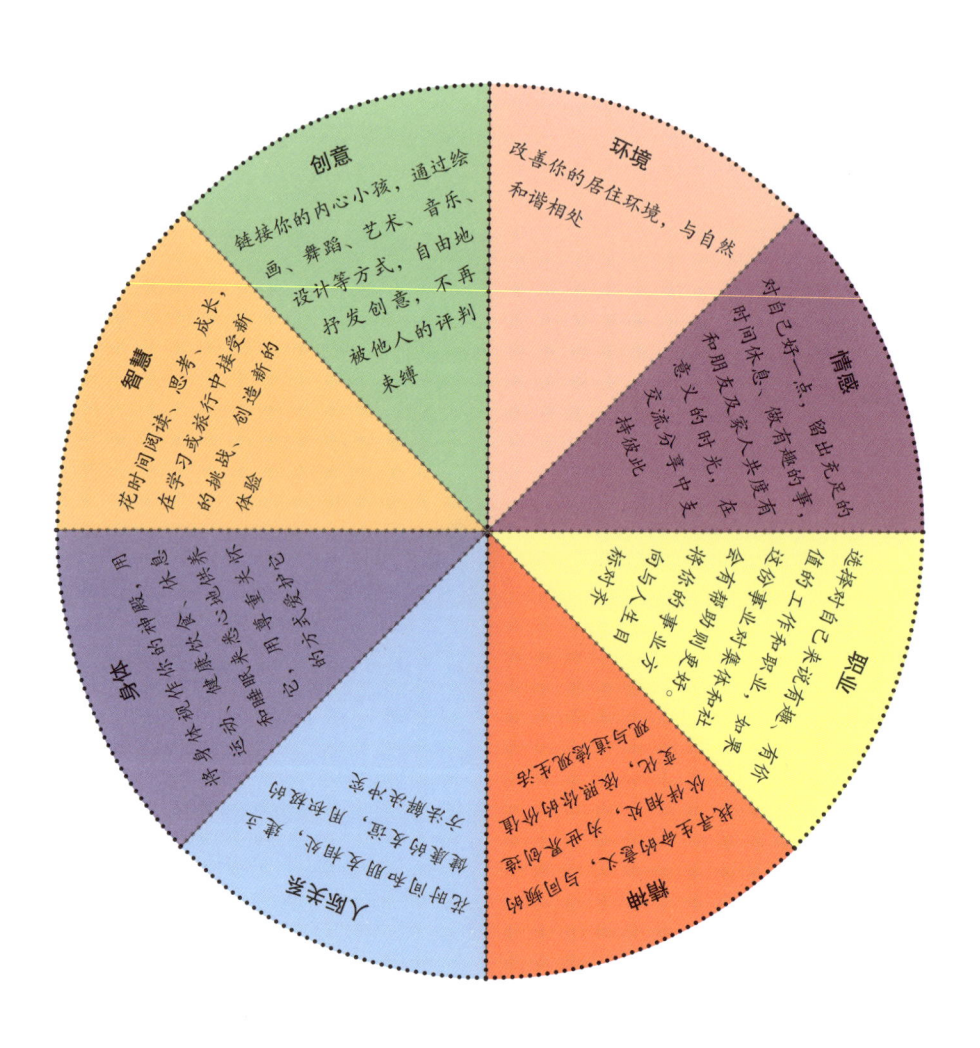

创意：链接你的内心小孩，通过绘画、舞蹈、艺术、音乐、设计等方式，自由地抒发创意，不再被他人的评判束缚

环境：改善你的居住环境，与自然和谐相处

情感：对自己好一点，留出充足的时间休息，没有捣的事，和朋友及家人共度有意义的时光，在交流中支持彼此

友谊：这样对自己来说没有挑战的事，试着向人寻找新的工作看看，如果你觉得朋友不再支持你，将你的朋友圈转换一下

精神：为生命中的重要人、事物付出自己的爱，与周围的人和谐共处，宽恕、原谅他们的过错

家庭/爱人：花时间陪伴家人，维持愉悦的气氛，与朋友来往以便得到支持

身体：将身体视作你的神殿，用运动、健康饮食、充分地休息和睡眠来养护它，用爱来关心它，用无毒无害的方式来爱它

智慧：花时间阅读、思考、成长，在学习或旅行中接受新的挑战、创造新的体验

小结

现在,你已经读完了介绍部分,我很期待与你共同开启接下来的 4 周,你将会通过写日记获得自我成长,收获崭新的、更有力量的积极心态。

即使现在的你觉得改变很困难,你依旧可以期待,记录情绪日记会给你带来意想不到的收获:你将会对自己有更深入的觉察,更了解自己,更理解自己的情绪是怎么产生的,进而学会管理情绪。

在这 4 周里,你将比预期中收获更多,这会是一段充满惊喜的旅程。我相信你有能力做出改变,我将陪伴你、见证你的改变!

送你一些积极肯定语:

我愿意投入地记录我的生活

我将做出惊人的改变

我期待美好的明天

让我们开始吧!

第一周

在第一周里,你需要好好地观察一下自己目前的生活。你可以用自己的方式诚实、自由地记录每天的情绪感受、饮食、运动量、精神状态和睡眠质量,然后在"其他"一栏写下你认为需要格外注意的状况。

本周的 CBT 主题表格将会引导你关注自己的思维方式,看看积极和消极的想法会如何影响你的情绪和行为。主题表格包括自问自答、每日感恩和积极肯定语。

每日感恩:每一天睡前,如果能对今天发生的"小确幸"表达感谢,即使只是感谢一些看似微不足道的小事,也会帮助你提升整体的情绪感受,不再专注不如意之处,调整思维方式,将注意力锁定在积极正面的事情上,提升幸福感,从而带来一整夜的好眠。

积极肯定语:你可以写下对自己的鼓励与肯定,例如——

我能做到的
我信任我自己

你可以这样写:

今天挺平淡的,没发生什么事。我起得很晚,错过了一个预约。今天我还和妈妈吵了一架,她好烦,何必呢?

或者这样写:

今天睡得不错,工作还行,出门转了一圈,中午和朋友吃饭——我喜欢和他聊天。今天我还是没去成健身房——不过没关系,明天我一定会去的。

第一周

还可以这样写：

　　要疯了！我太难过了，和对象大吵了一架，一定是我不对——我怎么就学不会闭嘴呢？我想躲在被窝里，啊啊啊啊啊……

观察一下，哪些事会影响你的情绪，在日记中写下你成功的经历、值得纪念的事、与人交往的过程，也写下你的失败、失望、痛苦、无奈，等等。

每天重复以下五个步骤：

1. 用深呼吸开始新的一天（试试看：吸气数四下，屏住呼吸四下，吐气再数四下）；
2. 为这一天设定方向或目标；
3. 做好周密的计划；
4. 用积极的话语鼓励自己；
5. 每天结束时写感恩清单。

现在，你准备好迎接积极正向、对生命有意义的改变了吗？你一定能行！

第一天

情绪

饮食

运动

整体精神状态（从 0 到 10 打分）

0　1　2　3　4　5　6　7　8　9　10

第一周

睡眠

其他

今天我觉得：

哪些事情进展得很顺利？

哪些事情上我能做得更好？

感恩清单：

1.
2.
3.

今天我为自己写下的积极肯定语是：

第二天

情绪

饮食

运动

整体精神状态（从 0 到 10 打分）

0　1　2　3　4　5　6　7　8　9　10

第一周

睡眠

其他

今天我觉得:

哪些事情进展得很顺利?

哪些事情上我能做得更好?

感恩清单:
1.
2.
3.

今天我为自己写下的积极肯定语是:

第三天

情绪

饮食

运动

整体精神状态（从 0 到 10 打分）

0　1　2　3　4　5　6　7　8　9　10

第一周

睡眠

其他

今天我觉得：

哪些事情进展得很顺利？

哪些事情上我能做得更好？

感恩清单：

1.
2.
3.

今天我为自己写下的积极肯定语是：

自由书写页

现在在你的头脑中,哪一种想法占据上风?

为什么这个想法会反复浮现?它会如何影响到你?

第一周

你能做些什么来改变现状或者让自己感觉更轻松？

从现在的状况中你能学习到什么？

第四天

情绪

饮食

运动

整体精神状态（从 0 到 10 打分）

0　1　2　3　4　5　6　7　8　9　10

第一周

睡眠

其他

今天我觉得:

哪些事情进展得很顺利?

哪些事情上我能做得更好?

感恩清单:

1.

2.

3.

今天我为自己写下的积极肯定语是:

第五天

情绪

饮食

运动

整体精神状态（从 0 到 10 打分）

0　1　2　3　4　5　6　7　8　9　10

第一周

睡眠

———————————————————

其他

今天我觉得：

哪些事情进展得很顺利？

哪些事情上我能做得更好？

感恩清单：

1.
2.
3.

今天我为自己写下的积极肯定语是：

思维方式决定一切

你更习惯于积极乐观地思考，还是消极负面地想问题？当你看到杯中水只有一半的时候，你会感谢这已有的半杯水，还是哀叹水没有倒满？对你来说，生活是艰辛困苦的，还是丰富有趣的？你会对自己和他人做出预先假设和评判吗？你会认定世界是非黑即白的吗？

消极负面想法的结果：
* 压力、担忧、焦虑、极度紧张
* 悲伤、抑郁
* 憎恨、愤怒、嫉妒
* 批评、评判
* 害怕、恐惧
* 无力、绝望

这些都会导致精神状态变差，甚至引发生理疾病、失眠和成瘾。

积极乐观想法的结果：
* 平静、平和、愉悦、快乐
* 灵感、动力、决心
* 接纳、感恩
* 希望、机遇

积极乐观的想法带来健康的精神状态，让身心更有活力。别让负能量潜入你的身心，偷走你的快乐！

第一周

很多人具有自动负面思维系统（ANTS，也称作 NATS），经常忧心忡忡，容易自我怀疑、自我贬低，习惯对自己和他人设定过高的期望值、对事情做出预先的假设和评判，想着最坏的可能性，抱有"我做成了才有价值，做不成则一事无成"的想法。

你的想法在很大程度上影响着你的感受。你可以思虑周全，但不必杞人忧天。

你可以把自己的身心想象成一家"能量银行"：
负面思维会造成能量亏损，即低能量、自我怀疑、抑郁、生理疾病；
正面思维会带来能量进账，即高能量、自信、力量、更多活力。

负面思维容易让人陷入错误的思维模式，甚至不自觉地扭曲现实。不要让自己成为论断黑白的大法官或者批评家！接下来我将分享 8 种常见的负面思维模式，你可以试着把自己有过的负面想法与之一一对应，看看自己平时是否也会陷入这些思维模式之中。

负面思维模式	表现	我的经历	你的经历
"要么成功，要么失败"	使用非黑即白的极端想法审视问题	我肯定没法通过考试，所以根本没必要尝试	
提前假设	基于情绪判断，认定自己的负面感受就是事情的真相，无视与之相悖的证据	我觉得自己很笨，我一定是个笨蛋 我这辈子不会好了	

续表

负面思维模式	表现	我的经历	你的经历
妄下结论	认定自己知道他人的想法 武断地揣测未来	朋友们肯定觉得我很无聊 下次我肯定不会被邀请了	
小题大做或轻描淡写	把事情夸大到非常糟糕；或对重要的事不屑一顾	我的健康状况糟透了 得了肿瘤也没什么	
无视积极面	沉迷于过去的消极经历，忽视其中积极正面的事情	我搞砸了 我总是做错事	
自我责备或责备他人	认定他人是在针对自己，表现得像是牺牲者或受害者；或是不愿意承担责任	又是因为我——我总是做不好 那是别人的错	
以偏概全	认定事情既然发生过，就一定会再次发生	我试过一次，没用的 我就是做不到	
贴标签	给自己或他人贴标签	我惹人讨厌 他很懒	

第一周

续表

负面思维模式	表现	我的经历	你的经历
用"必须"和"应该"考虑问题	固执己见，认定事情应该按照自己的预期进行	我必须做到完美 他就不应该那么说	

个人成长意味着你能够识别出那些对你无益的想法和行为，然后有意识地改变它们。记住，你在关注什么，什么就会影响到你。

当你将负面思维转化为正面思维，你的感受也会随之变化。如果你发现自己的负面思维占据上风，很难从压力和焦虑中解脱出来，恐怕就需要给自己放个假，把注意力转移到其他有益身心的事情上，比如做手工、当志愿者或者爬山。

自由书写页

写下你头脑中的任意想法,让它们随风而去……

第一周

第六天

情绪

饮食

运动

整体精神状态（从 0 到 10 打分）

0　1　2　3　4　5　6　7　8　9　10

第一周

睡眠

其他

今天我觉得：

哪些事情进展得很顺利？

哪些事情上我能做得更好？

感恩清单：

1.
2.
3.

今天我为自己写下的积极肯定语是：

第七天

情绪

饮食

运动

整体精神状态（从 0 到 10 打分）

0　1　2　3　4　5　6　7　8　9　10

第一周

睡眠

其他

今天我觉得：

哪些事情进展得很顺利？

哪些事情上我能做得更好？

感恩清单：

1.

2.

3.

今天我为自己写下的积极肯定语是：

如何转变思维方式

前文我们讨论了负面的思维方式是如何影响你的情绪和行为的,接下来我们将识别出你对饮食、运动和睡眠的负面想法。

示例：

	识别出你对以下状态的负面想法	情绪	如果换一种积极的思维方式,你会如何思考?	情绪
饮食	我懒得做饭	压抑 无聊	今天我要吃得健康一点	兴奋 喜悦
运动	我讨厌运动	失望 无力	出门走一走也好	开心 动力满满
睡眠	我讨厌夜里惊醒	焦虑	我今晚能睡个好觉	放松

第一周

现在请你填入自己的想法：

	识别出你对以下状态的负面想法	情绪	如果换一种积极的思维方式，你会如何思考？	情绪
饮食				
运动				
睡眠				

第一周：整体评估

你这周过得怎么样？哪些事情会让你一次次地感到困扰？你在其中发现什么规律了吗？

对你来说，负面情绪的导火线是什么？

第一周

你面临的困难是什么？

你学到了什么？是否可以在下一周里继续保持？

第一周：目标与计划

　　想想看你可以做些什么，让下一周过得更加有趣、放松、喜悦，将这些目标放入下周的计划中，当你写下这些想法时，你也在对自己做出有价值的承诺。试着履行承诺、完成目标，你可以做到的！
　　为"改善情绪体验"设定一个切实可行的目标。

下一周，我的目标是：

我计划在何时完成它（写出具体的日期和时间）：

第一周

可能存在的阻碍是：

我将如何做，来克服这些阻碍：

实现这个计划会给我带来哪些帮助：

第二周

欢迎来到第二周！我希望上一周对你来说过得还不错，你做到每天都写情绪日记了吗？哪怕没做到，也不必担心，我们可以慢慢来。如果你每天都留出一段固定的时间来写日记，或许会更加容易坚持下来。你对接下来的一周有什么期待吗？你希望通过这一周获得什么变化吗？你设定本周的目标了吗？——如果还没有，那就现在来写吧。

如果写日记对你来说很困难，你觉得很累或是提不起劲儿来，那就听身体的吧，休息一下——这可不是浪费时间，而是让身体获得必要的休息——为自己打造一个神圣的空间，用松软的枕头、蜡烛布置一下，让自己好好地享受憩息的时光，告诉自己积极肯定的话语：

    我足够好了
    我有决心

本周的 CBT 主题表格将会关注身体健康，并且探讨如何通过运动改善心理健康。我列出了以下愉悦身心的运动方式。

爬山 / 散步 / 慢跑

散步、爬山或是跑步，都是关照身心的好方式。每天散步将为你带来潜移默化的改变：散走闷气，释放压力，加速血液流动，让你重新获得活力。跑步能够帮你排解压力、赶走抑郁、改善心脏健康。

第二周

骑车

有压力？去骑车吧！让骑行带走你的压力。你不仅会收获好身材，还能够从中感受到掌控感，获得平静和自信。

游泳

在水下，人会感觉到放松，从忙碌的现实中抽身，获得独自冥想的时间。如果你定期游泳，生活也会被规划得更加井井有条。

健身

不管你选择哪项运动，有氧拳击、高强度间歇性训练（HIIT），还是动感单车，规律地去健身房报到都会让你变得更健美、更有力量。运动会帮助你提高专注力、提升自信，还能让你获得更好的睡眠。现在就制订训练计划，去健身房认识新的伙伴吧！

跳舞

不管你是选择像芭蕾这样固定舞步的舞蹈，还是跟着音乐自由起舞，跳舞都能让你的身体更柔韧、心灵更强大。安排时间去上舞蹈课，能帮助你更好地规划时间，认识爱好相似的新伙伴，甚至通过这些人际关系打开新的机遇。

去运动吧！让运动释放内啡肽，为你带来力量和快乐。无论你是选择慢跑、打太极拳、游泳，还是有氧拳击，你都会在运动中瞬间找回活力，收获目标达成的喜悦和自信。

尽你所能，加油！

第一天

情绪

饮食

运动

整体精神状态（从 0 到 10 打分）

0　1　2　3　4　5　6　7　8　9　10

第二周

睡眠

其他

今天我觉得:

哪些事情进展得很顺利?

哪些事情上我能做得更好?

感恩清单:

1.
2.
3.

今天我为自己写下的积极肯定语是:

第二天

情绪

饮食

运动

整体精神状态（从 0 到 10 打分）

0　1　2　3　4　5　6　7　8　9　10

第二周

睡眠

其他

今天我觉得:

哪些事情进展得很顺利?

哪些事情上我能做得更好?

感恩清单:

1.
2.
3.

今天我为自己写下的积极肯定语是:

第三天

情绪

饮食

运动

整体精神状态（从 0 到 10 打分）

0　1　2　3　4　5　6　7　8　9　10

第二周

睡眠

其他

今天我觉得：

哪些事情进展得很顺利？

哪些事情上我能做得更好？

感恩清单：

1.
2.
3.

今天我为自己写下的积极肯定语是：

自由书写页

本周你想要思考些什么?

有哪些事情是你想要改变的？为什么？

第二周

你可以为此做些什么？

这会让你的感受有什么变化？

第四天

情绪

饮食

运动

整体精神状态（从 0 到 10 打分）

0　1　2　3　4　5　6　7　8　9　10

第二周

睡眠

其他

今天我觉得：

哪些事情进展得很顺利？

哪些事情上我能做得更好？

感恩清单：
1.
2.
3.

今天我为自己写下的积极肯定语是：

第五天

情绪

饮食

运动

整体精神状态（从 0 到 10 打分）

0　1　2　3　4　5　6　7　8　9　10

第二周

睡眠

....

其他

今天我觉得：

哪些事情进展得很顺利？

哪些事情上我能做得更好？

感恩清单：
1.
2.
3.

今天我为自己写下的积极肯定语是：

越运动，越快乐

人们很容易养成坏习惯，但也可以轻松地摆脱它们。你办了多少次健身房的会员卡，却又懒得去使用呢？

缺乏运动的结果：
* 持续抑郁
* 体重增加，出现健康状况

增强体育锻炼的结果：
* 更强的耐力和复原力
* 精力更集中，从而提高效率和创新力
* 让人不再沉浸于焦虑、执着、担忧和自我冲突中
* 更积极的生活态度
* 认识新朋友的机会
* 更规律、更有秩序的生活节奏

你可以从低强度、可达成的运动目标开始，慢慢建立运动习惯。你还可以选择多种多样的运动方式，比如散步、爬山、游泳、踢足球、打橄榄球、跳舞、做瑜伽，甚至跑酷——如果你喜欢在楼宇间跑跳的话！好吧，我不会要求你从这么高难度的运动入手——只要你呼吸着户外的新鲜空气做运动，就会感觉到成倍的愉悦！

定期运动并不是赶时髦，也不是用来快速解决情绪问题的。它是一种生活方式，需要你花时间坚持，让运动成为生活中不可或缺的一部分。每天早上你是几点钟起床的？如果你在早上做运动，一整天都将充满活力，

到了晚上也会睡得更香。

不要让负面想法成为你的阻碍！

典型的负面想法	更积极的态度
我没有足够的时间	我会安排好时间
我的身材不够好	我可以塑造更健美的身材
和健身房里的其他人相比，我的身材很差	我的身材会越来越好
我不擅长运动	我可以先从散步开始

现在请你填入自己的想法：

自由书写页

写下你头脑中的任意想法，让它们随风而去……

第二周

第六天

情绪

饮食

运动

整体精神状态（从 0 到 10 打分）

0　1　2　3　4　5　6　7　8　9　10

第二周

睡眠

其他

今天我觉得:

哪些事情进展得很顺利?

哪些事情上我能做得更好?

感恩清单:

1.
2.
3.

今天我为自己写下的积极肯定语是:

第七天

情绪

饮食

运动

整体精神状态（从 0 到 10 打分）

0　1　2　3　4　5　6　7　8　9　10

第二周

睡眠

其他

今天我觉得:

哪些事情进展得很顺利?

哪些事情上我能做得更好?

感恩清单:

1.
2.
3.

今天我为自己写下的积极肯定语是:

别让头脑拖累了身体

在身体健康方面有困扰的人,往往有着完美主义的倾向,这种态度反而会延长身体恢复所需的时间。如果你对自己的身体太严苛、要求自己在更短的时间内恢复健康,反而容易对治疗方法产生抗拒——或许是担心它没有用,让自己和他人失望,或许是对它的不确定性过度焦虑,又或许是对自己缺乏信心,不知道自己能不能如愿康复……当这些念头占据上风时,你的头脑中会形成思维阻碍。你不应该活在阻碍中,你可以找到出口和解药。

你可以尝试:

* 做计划
* 设定可达成的目标
* 在有趣的活动中获得快乐
* 从简单的运动开始,慢慢来
* 花时间亲近大自然
* 有爱地关怀自己
* 不必事事都至臻完美

负面想法示例:

情境	典型的负面想法	更积极的态度
被邀请参加户外庆典	我的状况可能会更加糟糕	这个活动可能会让我感觉好受点
	我的精力不够	我可以慢慢适应环境
	我得找厕所,麻烦又尴尬	这个地方会有便利的洗手间的
	我会显得格格不入	我会很好地融入群体

接下来请你填写 CBT 表格，看看你对自己的身体状况有哪些负面想法。

事件	负面想法 信念的强度（1%-100%）	消极情绪 情绪的强度（1%-100%）
	正面想法 信念的强度（1%-100%）	积极情绪 情绪的强度（1%-100%）

第二周：整体评估

在这一周里，你有什么新的发现？哪些事情进展得很顺利？

你面对的最大挑战是什么？你是如何克服它的？

第二周

你完成本周定下的目标了吗？如果完成了，这让你有什么感觉？如果没有完成，是什么阻碍了你？

从中，你对自己有什么新的发现吗？

第二周：目标与计划

如果你完成了本周的计划，取得了卓有成效的进步，可以继续坚持，并在这一基础上为下周添加一个新的目标。

我将继续做到：

为"改善情绪体验"设定一个切实可行的目标。

下一周，我的目标是：

我计划在何时完成它（写出具体的日期和时间）：

第二周

可能存在的阻碍是：

我将如何做，来克服这些阻碍：

实现这个计划会给我带来哪些帮助：

第三周

我们即将进入第三周啦！你或许已经在情绪、感受和生活方式等方面看到了自己的显著变化。如果你每天写日记、完成目标，却仍然对生活提不起劲儿来，那你有可能正在经历抑郁或情绪低迷期，需要用更久的时间来看到变化。人生的每段经历都会带来成长，请坚持下来，关怀自己，和专业人士、伙伴、家人沟通，你不需要孤军奋战！

如果你每天都留出固定的时间写情绪日记，诚实地记录，那么在未来的某一天你会突然发现，人生中的此刻，正是你蜕变、疗愈、成长的时间。大部分人是因为经历了复杂的事件或者生活不如意而产生抑郁和低迷情绪的。什么能让你感觉好一点呢？

你需要改变什么来帮助自己改善情绪？请写下来：

第三周

在你写的这些需求里，哪些是可实现的？你在等待他人或者情况发生变化吗？如果是这样，你恐怕还需要等待更久。生活可以尽在你的掌控之中，但是为了获得掌控感、不再纠结痛苦，你可能需要放下对他人和现实状况的愤怒与期待。改变是困难的，没有人愿意主动跨出熟悉的舒适区——你需要下定决心，做出改变。

本周的 CBT 表格将关注我们和饮食、睡眠的关系。好好吃饭不仅能改善情绪，还能带来一夜好眠。

健康饮食建议：

* 吃早饭能带来一天的好心情——不吃饭则会让你心情郁结
* 选择慢速释放能量的食物，比如意大利面、米饭、全麦面包、坚果、植物种子、燕麦，避免选择非精制的白糖制品
* 少吃糖
* 选择对大脑有益的食物，比如鱼油、核桃、牛油果、牛奶、芝士、蛋类、橄榄油和葵花籽油
* 细嚼慢咽，花时间享受食物
* 以感恩的心对待食物，关注它们的气味和口味
* 大量饮水，避免身体脱水

睡眠建议：

* 按照严格的固定时间睡觉、起床，调整生物钟，避免晨昏颠倒
* 睡前来点仪式感，比如舒服地泡个澡、喝杯热牛奶
* 整理卧室，将它打理成一个宁静、放松的空间：打扫卫生、整理杂物、在枕头上喷薰衣草精油
* 定期运动，这样你的身体会更需要睡眠
* 睡前一小时，避免电子产品的蓝光直射眼睛，不看手机或电脑（眼睛紧盯蓝光会让大脑以为现在是白天）
* 在每天晚上 8 点以前写下第二天的待办清单

28天情绪日记

第一天

情绪

饮食

运动

整体精神状态（从0到10打分）

0　1　2　3　4　5　6　7　8　9　10

第三周

睡眠

其他

今天我觉得:

哪些事情进展得很顺利?

哪些事情上我能做得更好?

感恩清单:

1.
2.
3.

今天我为自己写下的积极肯定语是:

第二天

情绪

饮食

运动

整体精神状态（从 0 到 10 打分）

0　1　2　3　4　5　6　7　8　9　10

第三周

睡眠

其他

今天我觉得：

哪些事情进展得很顺利？

哪些事情上我能做得更好？

感恩清单：

1.
2.
3.

今天我为自己写下的积极肯定语是：

第三天

情绪

饮食

运动

整体精神状态（从 0 到 10 打分）

0　1　2　3　4　5　6　7　8　9　10

第三周

睡眠

其他

今天我觉得：

哪些事情进展得很顺利？

哪些事情上我能做得更好？

感恩清单：

1.
2.
3.

今天我为自己写下的积极肯定语是：

自由书写页

描述你自己和你的生活：

你的技能和特长是：

第三周

你有哪些品质？

你记忆中印象最深的五件事，如人生中的高光时刻、最有活力的快乐时光等：

第四天

情绪

饮食

运动

整体精神状态（从 0 到 10 打分）

0　1　2　3　4　5　6　7　8　9　10

第三周

睡眠

其他

今天我觉得：

哪些事情进展得很顺利？

哪些事情上我能做得更好？

感恩清单：
1.
2.
3.

今天我为自己写下的积极肯定语是：

第五天

情绪

饮食

运动

整体精神状态（从 0 到 10 打分）

0　1　2　3　4　5　6　7　8　9　10

第三周

睡眠

其他

今天我觉得：

哪些事情进展得很顺利？

哪些事情上我能做得更好？

感恩清单：

1.
2.
3.

今天我为自己写下的积极肯定语是：

轻松睡个好觉

什么是优质睡眠？

在躺下后的 15~20 分钟里自然入眠，度过 7~9 小时不间断的睡眠时间，醒来后感到活力满满，而不是辗转难眠、玩手机，或是在担忧中入眠。

睡眠时段会发生什么？

在睡眠中，身体会经历不同的阶段，从轻度睡眠慢慢进入深度的快速眼动睡眠（REM，也就是人们最常做梦的阶段）。优质睡眠能够为细胞带来活力、清理思绪、加强记忆和学习，还可以击退身体疾病、加速疗愈。

梦境

心理学之父弗洛伊德认为，人的梦境是"通往潜意识的道路"，通过解析梦境，人们可以更加理解自己的经历。梦境会展示未完成的事宜，揭示内心深处的需求。如果你在梦境中感到恐惧，那么恐惧或许就是你亟须克服的阻碍；如果你在梦中感觉自己被困住了，那么或许在生活中，正是需要你做出改变的时候。梦境解析能让我们更理解现实生活。

对于睡眠的想法示例：

情境	典型的负面想法	更积极的态度
准备睡觉	啊，又来了	我的身体很疲惫，需要休息
	我一直睡不好	我能够好好睡一觉
	我还有很多事情要想	我已经完成了今天的待办事宜，其他事情可以等明天醒来以后再想

接下来请你填写 CBT 表格，看看自己的哪些想法会导致睡眠状态不佳。

事件	负面想法 信念的强度（1%–100%）	消极情绪 情绪的强度（1%–100%）
	正面想法 信念的强度（1%–100%）	积极情绪 情绪的强度（1%–100%）

自由书写页

写下你头脑中的任意想法,让它们随风而去……

第三周

28 天情绪日记

第六天

情绪

饮食

运动

整体精神状态（从 0 到 10 打分）

0　1　2　3　4　5　6　7　8　9　10

第三周

睡眠

其他

今天我觉得:

哪些事情进展得很顺利?

哪些事情上我能做得更好?

感恩清单:

1.
2.
3.

今天我为自己写下的积极肯定语是:

第七天

情绪

饮食

运动

整体精神状态（从 0 到 10 打分）

0　1　2　3　4　5　6　7　8　9　10

第三周

睡眠

其他

今天我觉得:

哪些事情进展得很顺利?

哪些事情上我能做得更好?

感恩清单:

1.
2.
3.

今天我为自己写下的积极肯定语是:

吃出好心情

你和食物的关系怎么样？你会情绪化进食，心情不好的时候就狂吃甜品吗？你有体重方面的困扰吗？你会暴饮暴食或者强制节食吗？即使他人都觉得你已经很苗条了，你依旧会在吃饭后催吐、严苛地控制卡路里摄入吗？

缺乏营养的饮食习惯：
* 食用加工食品、垃圾食品、外卖、油炸食品（饱和式脂肪）
* 食用糖分过高的食物，比如蛋糕、饼干、巧克力和饮料
* 食用咖啡因过高的食物，比如咖啡、巧克力、能量饮料
* 摄入过量的酒精，导致焦虑、抑郁、睡眠问题
* 过量饮食或者节食

缺乏营养的饮食习惯的结果：
* 高于或低于正常区间的体重
* 身体不适和疾病
* 精神状态不佳
* 消极的自我对话：愧疚、后悔、指责

营养均衡的饮食习惯：
* 遵循营养均衡的食谱
* 食用全麦制品、豆类、坚果、糙米、燕麦、藜麦
* 每天食用5份或更多的新鲜水果和蔬菜
* 选择瘦蛋白

* 摄入充足的碳水化合物、脂肪、蛋白质、钙质、维生素和矿物质
* 摄入限量的盐、饱和式脂肪、精糖

营养均衡的饮食习惯的结果：
* 良好的身心健康
* 更好的精神状态
* 动力和自我价值感
* 对自我关怀、自我疗愈的关注和责任

如果你正在服药，请咨询医师、阅读药物说明，避免摄入与药物禁忌相关的食物或饮品。

接下来请你填写 CBT 表格，看看对于食物、饮食习惯和自己的身材，你有哪些想法和信念。

事件	负面想法 信念的强度（1%-100%）	消极情绪 情绪的强度（1%-100%）
	正面想法 信念的强度（1%-100%）	积极情绪 情绪的强度（1%-100%）

第三周：整体评估

在这一周里，你的情绪状态怎么样？

什么最影响你的心情？

第三周

对于改善运动习惯和饮食习惯，你付出了哪些努力？有什么收获和改变？

如果你觉得自己的状态没有想象中那么好，是什么在阻碍你？

第三周：目标与计划

如果你达成了本周的计划，取得了卓有成效的进步，可以继续坚持，并在这一基础上为下周添加一个新的目标。

我将继续做到：

为"改善情绪体验"设定一个切实可行的目标。

下一周，我的目标是：

我计划在何时完成它（写出具体的日期和时间）：

第三周

可能存在的阻碍是：

我将如何做，来克服这些阻碍：

实现这个计划会给我带来哪些帮助：

第四周

　　我真诚地希望，到今天为止，你已经感受到了写日记过程中的帮助与收获，能更好地掌控你的生活了。这本情绪日记中的练习、建议和指导将支持你走向更健康的生活状态。在自我探索的道路上，我们都是潜心求索的行者。

　　作为一名治疗师，我知道人们有些时候能够鼓舞自己，自发地做出积极的改变，有些时候则很难将意愿落入实际行动之中。

　　如果你正面临精神健康方面的挑战，我非常鼓励你和朋友、家人、专业人士等聊一聊，与想要帮助你的人们沟通交流、寻求支持和反馈。尽管认知行为疗法被广泛地应用，并证实能够有效帮助人们管理情绪，但它不一定适用于所有人。有时候，你需要向他人诉说自己的故事——一双擅长倾听的耳朵、一颗同理同情的心，对你来说会更有助益。

　　如果你在情绪健康方面有所进步，就可以思考接下来能做些什么，让生活状态变得更好。你希望五年后的自己是什么样子？除非积极地做出改变，一切都将还是老样子。

　　继续学习会是个选择吗？你可以查阅当地的高等学府，看看它们提供哪些课程。也许去旅行是你的答案——你可以花时间去了解世界和不同地区的文化……

　　在下面的空白处写出你的想法。

　　为了让自己的状态变得更好，你会做什么？请写下来：

第四周

最后一周的 CBT 主题表格将会关注人际关系和自尊。在人际关系中，影响情绪和精神健康的问题有：

＊缺少沟通

＊冲突

＊虐待

＊背叛

＊成瘾

＊分手

＊缺乏信任

在本周的表格中，请你写下自己在人际关系中遇到的冲突，以及你的想法和情绪，从而更了解自己。本周我们还将关注自尊、自我肯定。一些自我关怀的积极肯定语包括：

> 我是特别的
> 我能表达自己的需求
> 我足够好
> 我不用那么完美
> 我就是我

第一天

情绪

饮食

运动

整体精神状态（从0到10打分）

0　1　2　3　4　5　6　7　8　9　10

第四周

睡眠

其他

今天我觉得:

哪些事情进展得很顺利?

哪些事情上我能做得更好?

感恩清单:

1.

2.

3.

今天我为自己写下的积极肯定语是:

第二天

情绪

饮食

运动

整体精神状态（从 0 到 10 打分）

0　1　2　3　4　5　6　7　8　9　10

第四周

睡眠

其他

今天我觉得:

哪些事情进展得很顺利?

哪些事情上我能做得更好?

感恩清单:

1.
2.
3.

今天我为自己写下的积极肯定语是:

第三天

情绪

饮食

运动

整体精神状态（从 0 到 10 打分）

0　1　2　3　4　5　6　7　8　9　10

第四周

睡眠

其他

今天我觉得：

哪些事情进展得很顺利？

哪些事情上我能做得更好？

感恩清单：

1.
2.
3.

今天我为自己写下的积极肯定语是：

自由书写页

写下你在恋爱或人际交往中需要放下的未解决的问题。

当时发生了什么？

这对你来说意味着什么？现在你的感受是什么？

第四周

如果换个角度看待当时的情况,你会怎么看?

你希望发生什么事,才能让自己放下过往,继续向前?

第四天

情绪

饮食

运动

整体精神状态（从 0 到 10 打分）

0　1　2　3　4　5　6　7　8　9　10

第四周

睡眠

其他

今天我觉得：

哪些事情进展得很顺利？

哪些事情上我能做得更好？

感恩清单：

1.
2.
3.

今天我为自己写下的积极肯定语是：

第五天

情绪

饮食

运动

整体精神状态（从 0 到 10 打分）

0　1　2　3　4　5　6　7　8　9　10

第四周

睡眠

其他

今天我觉得:

哪些事情进展得很顺利?

哪些事情上我能做得更好?

感恩清单:

1.
2.
3.

今天我为自己写下的积极肯定语是:

学会爱与被爱

坠入爱河总能给人带来极致的愉悦感受，但在建立亲密关系的早期，也总会让人感到过度紧张，甚至难以面对。你知道自己过往的亲密关系是如何影响情绪的吗？你会多快地陷入或摆脱爱的感觉？你的恋情总是令你心安还是让你感到危机四伏？你的关系中有什么反复出现的相处模式吗？

有些人知道自己在感情中需要什么，看得清眼前的对象是否符合自己的需求，即使决定要终止一段关系，也会选择良机。而有些人则不清楚自己想要什么，只是因为得到了对方的关注而感到快乐甚至感激，哪怕关系出现了裂缝或危险信号也选择忽略。一段好的感情需要双方积极沟通，以爱和尊重对待彼此，共同努力创造未来。

友谊对人的情绪健康也很重要，你和朋友需要彼此的支持。健康的友谊让你感到稳定、信任，而不是嫉妒、过度竞争、逼迫或压力。如果你正在因为一段友谊烦恼，那么是时候后退一步、重新评估这段关系了，你可以试着积极表达自己的想法，或择良机淡出交往，就这么简单。

接下来让我们通过填写 CBT 表格，来看一看你的亲密关系。回想过去，你有哪些因为伴侣或亲近的人而产生烦恼的情况？那可能是一场争执，也可能是其他令你感到不适的经历，填入下面的表格中吧。

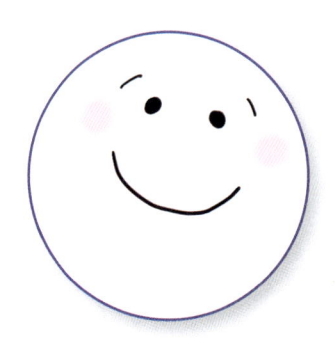

第四周

事件	负面想法 信念的强度（1%-100%）	消极情绪 情绪的强度（1%-100%）
	正面想法 信念的强度（1%-100%）	积极情绪 情绪的强度（1%-100%）

自由书写页

在你的生命中，谁给了你最大的启发？为什么？

你能从这个人身上学到些什么？

第四周

你可以如何启发其他人?

你会怎么做?

第六天

情绪

饮食

运动

整体精神状态（从0到10打分）

0　1　2　3　4　5　6　7　8　9　10

第四周

睡眠

其他

今天我觉得：

哪些事情进展得很顺利？

哪些事情上我能做得更好？

感恩清单：

1.
2.
3.

今天我为自己写下的积极肯定语是：

第七天

情绪

饮食

运动

整体精神状态（从 0 到 10 打分）

0　1　2　3　4　5　6　7　8　9　10

第四周

睡眠

....

其他

今天我觉得：

哪些事情进展得很顺利？

哪些事情上我能做得更好？

感恩清单：

1.
2.
3.

今天我为自己写下的积极肯定语是：

相信自己

现在让我们来看看自信和自尊对情绪的影响。仔细回忆一件让你担心的事,可能是与工作、学习、家庭或友情相关的事,然后在下方的 CBT 表格里写下你对这件事的想法和情绪。

如果本页的表格用完了,你可以再拿出一些白纸,按照 CBT 表格的方法继续写,用这种方法梳理每件你能够回想起来的事件。你可能需要花上几周的时间来为大脑清空旧认知,用新的态度看待这些事件。在未来,你也可以继续使用 CBT 表格。

和自尊有关的想法示例

情境	典型的负面想法	更积极的态度
在工作中启动一个新项目	我一定会搞砸	这是个学习的好机会
	我会出丑的	我在过去的工作中成长了许多,现在的我有能力承接这个项目
	我做不来	我可以做好的

第四周

事件	负面想法 信念的强度（1%-100%）	消极情绪 情绪的强度（1%-100%）
	正面想法 信念的强度（1%-100%）	积极情绪 情绪的强度（1%-100%）

第四周：整体评估

你这周过得怎么样？把好事坏事都写下来：

你是如何应对的？写下你最好的三种应对策略：

第四周

这周最令你感激的事是什么？

写下对你来说最有效果的积极肯定语：

第四周：目标与计划

如果你达成了本周的计划，取得了卓有成效的进步，可以继续坚持，并在这一基础上添加新的目标。

我将继续做到：

我还可以做到：

为了落实和坚持新的生活方式，我需要：

第四周

可能存在的阻碍是：

我将如何做，来克服这些阻碍：

实现这个计划会给我带来哪些帮助：

总结评估

这段时间以来，写情绪日记对你有什么帮助？

对你来说，用什么方法管理情绪效果最好？

你遇到了哪些困难？为什么？

第四周

你所做出的最积极的改变是什么？为什么？

写出三个你想在未来使用的方法或养成的习惯：

现在，你觉得未来的生活会怎样？

结　语

我很高兴能通过这本《28天情绪日记》，在过去的四周里陪伴你。无论你从中学会了什么，这些种子从今往后都会根植于你的内心，生根发芽，在未来为你提供支持。你会惊讶地发现，人们毕生的习惯是可以在很短的时间内改变的，一旦过上了新的生活，就没有理由再回到过去了。有些人可能会担心，这种改变是否只是暂时的？能否持久？一旦有什么事情发生，我是不是又会回到过去的状态？不，你完全不用担心，毕竟担心也不会改变现状。相比之下，你完全可以放下担心，再次阅读本书中的建议、想法和策略，以它们为起点，将全新的健康生活方式坚持下去！

我们要在这里说再见了，衷心地祝愿你在追求健康生活的道路上一切顺利！

Andrea

别忘了：
- 不要为恢复健康状态的时间设限
- 运用冥想和正念的技巧，活在当下
- 用CBT表格重新审视自己的想法
- 焦虑时主动分散注意力，关注积极的事情
- 倾听自我的声音，你知道什么对自己来说是最好的
- 放下完美主义
- 停止和他人比较，世上只有一个美丽而独特的你
- 鼓励自己、尊重自己的价值，多说积极肯定语
- 向他人吐露心声，你不是孤独的
- 接受并宽容自己和他人，我们都只是人而已
- 去拥抱，去喜欢和爱，它们是如此治愈！

致　谢

　　东伦敦大学（UEL）有很多富有智慧和启发性的作家、思想家、哲学家、心理学家、咨询师、心理治疗师、生活导师、艺术家、音乐家、诗人和教授，还有工作坊设计师、教师、思想领导者、精神和宗教文学专家，无一不启发了我作为治疗师和作家的工作。他们在我塑造自己、了解自己、做最好的自己、接受自己的低谷等方面，都起到了重大的积极影响。他们帮助我了解了生而为人的意义，以及如何将爱与关怀带给这个世界。

　　在本书创作、成形、面世的过程中，我要感谢：艾迪生书业的所有同人，特别是丽萨·黛尔、尼克莱特·卡波尼斯和布拉茨·阿特金斯，感谢你们的耐心和专业素养。非常感谢赛维琳·让诺对情绪卡片系列全套产品的信任和支持，让它们在如此短的时间内获得了极佳的全球销量。我为成千上万在澳大利亚、美国、欧洲和远东地区购买卡片和书籍的朋友们高兴，相信这本情绪日记会帮到更多的人。你们太棒了！

　　感谢尼克·艾迪生，从我们在2014年的伦敦书展上第一次见面开始，你就对情绪卡片表现出了极大的信任。尽管现在的你已经不在艾迪生书业工作，说不定正在哪个异国海滩享受或是在英国的丛林间徒步，享受你的退休时光——时至今日，我依然感谢你从我还是个新手作家时起，就持续提供的帮助和支持。

　　感谢我的经纪人，阿伯那·斯坦经纪公司的桑迪·薇尔蕾特。你帮了我很多，我为自己能够在生命中遇到你而感恩。你所在的经纪公司和众多超棒的作家合作。我依然记得你第一次在肯辛顿的咖啡厅里看到情绪卡片的初稿时，就答应做我的经纪人。你看到了支持人们应对心理健康问题这一工作的潜力。如果不是借由你多年的专业经验、友善耐心的指导和对我的信任，我不可能走得这么长远。

感谢史黛西·西登斯，你美丽的笑脸一直给他人以帮助。你是位天赋异禀的女士，我很有幸在许多年前就遇到你，感谢你非比寻常的设计工作和随时响应的支持。

感谢玛丽莎·琼·霍布斯。感谢你在情绪卡片系列产品上持续的支持、研究和努力。

感谢我的父母海莲娜·霍克利和大卫·霍克利永远默默地支持我。爸爸，你离世已近三十载，但我还能在内心感受到你平和的能量。感谢你的幽默感，感谢你教会我如何接受挑战，并像铁杆粉丝一样支持我。妈妈，感谢你对我的支持，感谢教会我教养、道德、责任和家庭的重要性。感谢我的姐妹们：我感觉非常幸福。贝芙，当我需要的时候你一直都在（我的需求还挺频繁的）！你是世人梦寐以求的最美丽、友善、慷慨、考虑周全、关爱和支持他人的姐妹。黛安，我爱你，我特别的姐妹。你教会我同理心和同情心，我会一直把你牢记在心间。

感谢我亲爱的丈夫安德鲁。感谢你做我的基石和我依靠的肩膀，你是城堡的守卫者，也是修复一切的智者，包括修复我在内！生命中有你，让我感到很幸福。

感谢我的孩子们：亚历克斯、维多利亚和本。我为你们每一个人感到无比自豪，感谢你们一直支持我，对我的生活和工作表达兴趣。也要感谢我的孙辈：奥利维尔、希欧和莱威。你们为生活带来了光、爱和欢乐。我们有大把时间向前看，一起书写很多快乐的记忆。

感谢我像家人一般的朋友和同事，你们在我的生命中扮演着重要的角色。我们分享自己的生活、共同经历了高光与低潮，感谢你们每一个人。特别感谢汤姆、凯莉、马蒂尔德、保罗、乔、塔利亚、塔什、李、罗西、马克、尼克、保罗、玛丽莲、吉尔、大卫、琳达、哈维、维尔纳、理查德、卡罗尔、马尔科姆、露丝、理查德、卡罗尔、戈登、托尼、巴布、桑迪、奥德特、娜欧米、德布、艾美利亚、迪安娜、贝弗利、斯坦福、桑达、杰夫、罗兹和艾迪、泰利和马克（这份名单并不能详尽地包括我所感谢和爱的所有人）。我们支持着彼此。

　　感谢所有这些年支持过我的人，谢谢你们给予的鼓励、爱、支持、反馈、时间和智慧。特别感谢我在脸谱网和推特上的伙伴们，你们在心理健康方面的讨论总是能够帮助我整理思路。爱你们，谢谢你们！

　　最后，无比感谢我作为治疗师的二十多年里的来访者们，你们在咨询中和我分享经历，允许我看见你们的世界，帮助我通过不同的文化、视角和方式来理解生命。我很荣幸与你们所有人相遇，陪伴你们度过一段时间，祝福你们获得平静、喜悦和爱。这是你们应得的。

Andrea ♡

你的笔记

继续使用 CBT 表格，记录你的想法和情绪，重新理解当时的情境，为大脑注入新的认知。

事件	负面想法 信念的强度（1%-100%）	消极情绪 情绪的强度（1%-100%）
	正面想法 信念的强度（1%-100%）	积极情绪 情绪的强度（1%-100%）

事件	负面想法 信念的强度（1%-100%）	消极情绪 情绪的强度（1%-100%）
	正面想法 信念的强度（1%-100%）	积极情绪 情绪的强度（1%-100%）

事件	负面想法 信念的强度（1%-100%）	消极情绪 情绪的强度（1%-100%）
	正面想法 信念的强度（1%-100%）	积极情绪 情绪的强度（1%-100%）

参考文献

Dupont, Caroline Marie, *Enlightened Eating*. Alive Books, 2006.

Greenberger, Dennis, Padesky, Christine A., *Mind Over Mood*. New York: Gilford Press, 1995.

Healy, Maureen (ed), *My Mixed Emotions*. London: DK Children, 2018.

Holford, Patrick, *Optimum Nutrition for the Mind*. London: Piatkus, 2007.

Hyman, Bruce M., Pedrick, Cherry, *The OCD Workbook (2nd edition)*. Oakland: New Harbinger Publications, 2005.

Medina, John, *Brain Rules*. Seatle: Pear Press, 2008.

Reader's Digest, *Foods that Harm, Foods that Heal*, New York: Reader's Digest, 2002.

www.centreformentalhealth.org.uk

图书在版编目（CIP）数据

28 天情绪日记 /（英）安德烈娅·哈恩
(Andrea Harrn) 著；王子萌译 . -- 北京：东方出版社，
2023.9

　　书名原文：THE MOOD DIARY
　　ISBN 978-7-5207-3534-6

　　Ⅰ.①2… Ⅱ.①安…②王… Ⅲ.①情绪—自我控制
—通俗读物 Ⅳ.① B842.6-49

中国国家版本馆 CIP 数据核字 (2023) 第 123339 号

THE MOOD DIARY
Text and illustrations copyright © Andrea Harrn 2020
Design © Welbeck Non-Fiction Limited,
part of Welbeck Publishing Group Limited 2020
Illustrations by Stacey Siddons

English edition 2021 Published by Welbeck Balance.
An imprint of Welbeck Publishing Group Limited

中文简体字版专有权属东方出版社
著作权合同登记号　　图字：01-2023-3044 号

28 天情绪日记
（28 TIAN QINGXU RIJI）

作　　者：	[英] 安德烈娅·哈恩（Andrea Harrn）
译　　者：	王子萌
策　　划：	郭伟玲
责任编辑：	王若菡
装帧设计：	尚世视觉
出　　版：	东方出版社
发　　行：	人民东方出版传媒有限公司
地　　址：	北京市东城区朝阳门内大街 166 号
邮　　编：	100010
印　　刷：	北京联兴盛业印制股份有限公司
版　　次：	2023 年 9 月第 1 版
印　　次：	2023 年 9 月第 1 次印刷
开　　本：	710 毫米 × 1000 毫米　1/16
印　　张：	10.75
字　　数：	70 千字
书　　号：	ISBN 978-7-5207-3534-6
定　　价：	59.80 元

发行电话：（010）85924663　85924644　85924641

版权所有，违者必究

如有印装质量问题，我社负责调换，请拨打电话：（010）85924602　85924603